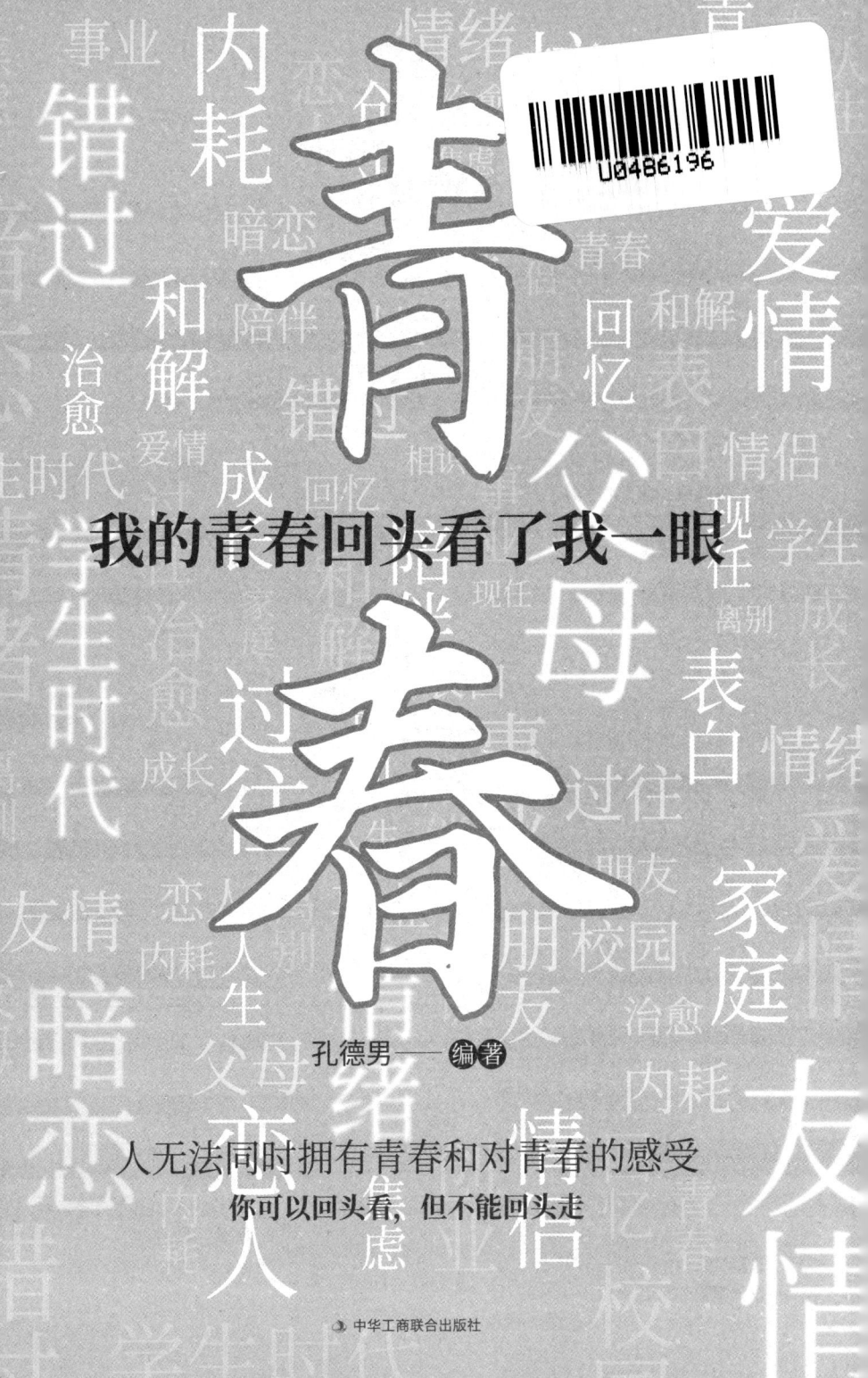

图书在版编目（CIP）数据

我的青春回头看了我一眼 / 孔德男编著. -- 北京：中华工商联合出版社, 2025.5. -- ISBN 978-7-5158-4268-4

Ⅰ. B821-49

中国国家版本馆 CIP 数据核字第 2025CE8420 号

我的青春回头看了我一眼

作　　　者：孔德男
出 品 人：刘　刚
责任编辑：吴建新
装帧设计：臻　晨
责任审读：付德华
责任印制：陈德松
出版发行：中华工商联合出版社有限责任公司
印　　　刷：山东博雅彩印有限公司
版　　　次：2025 年 5 月第 1 版
印　　　次：2025 年 10 月第 3 次印刷
开　　　本：880mm × 1230mm　1/32
字　　　数：116 千字
印　　　张：7
书　　　号：ISBN 978-7-5158-4268-4
定　　　价：59.80 元

服务热线：010-58301130-0（前台）
销售热线：010-58302977（网店部）
　　　　　010-58302166（门店部）
　　　　　010-58302837（馆配部、新媒体部）
　　　　　010-58302813（团购部）
地址邮编：北京市西城区西环广场 A 座
　　　　　19-20 层，100044
　　　　　http://www.chgslcbs.cn
投稿热线：010-58302907（总编室）
投稿邮箱：1621239583@qq.com

工商联版图书
版权所有　盗版必究

凡本社图书出现印装质量问题，请与印务部联系。

联系电话：010-58302915

前　言

　　《我的青春回头看了我一眼》摘抄了 2019 年 5 月 26 日至 2025 年 2 月 16 日孔德男的抖音作品文案和网友热门评论。

　　孔德男，广东人，情感文案写手。孔德男的原创文案以黑色系视频风格为主，写出了超过 500 个男女情感、友情、自我、家庭等方面的文案，在全网创造了超过 20 亿的播放量，超过 2 亿点赞，粉丝读者超过 500 万。他常被粉丝称为"文案供应商""深夜难逃孔德男"。而孔德男最喜欢回复粉丝的话是"看不懂是好事"，"去把我所有文案抄一遍"。

在《我的青春回头看了我一眼》中，孔德男以极具感染力的笔触，将青春岁月里那些细腻且真挚的情感，一一铺陈开来。翻开书页，你会被带入一个个充满故事的场景，不只是简单的青春记录，更深入挖掘青春经历背后的人生感悟，引导读者在回忆青春时，完成自我反思与成长，从过去的经历中汲取力量，勇敢面对当下生活。

孔德男用简洁却直击人心的文案，讲述着青春里的心动、迷茫、坚持与遗憾。无论是在爱情中小心翼翼的试探，还是在成长路上遭遇挫折时的自我怀疑，这些文案就像一面镜子，映射出每个人青春的模样。当青春如流水般逝去，这些文字让它又回头与我们深情对视，让我们重新审视那些被遗忘的瞬间，唤醒心底最纯粹的情感，在他人的故事里，找寻到自己青春的影子，重新理解青春的意义。

- 青春共情：孔德男的文案精准命中青春的情感痛点，暗恋的酸涩、友情的珍贵、梦想的炽热，极易引发读者共鸣，让不同年龄层的人都能回忆起自己独一无二的青春岁月，沉浸在往昔的情感漩涡中。

- 独特文风：以简洁有力的短句，勾勒出青春的复杂情绪，寥寥数语便能将读者拽入特定场景，用最直白的文字传递最深刻的情感，读来朗朗上口，在不经意间触动心灵，让每一个字都像一记温柔的重拳，直击内心深处。

- 碎片叙事：打破传统叙事结构，以碎片化的文案展现青春的不同切面，读者可随时翻开阅读，在忙碌生活中也能利用碎片时间，沉浸式体验青春百态，在短时间内收获满满的感动与回忆。

- 信手拈来：本书适合随手翻阅，无论读到哪一页都会有不同的收获。本书按时间顺序整理而成，未汇总章节，亦没有目录。

- 收藏价值：书中文案不仅是对青春的记录，更是情感的宝藏。可作为日常情感表达的灵感源泉，无论是发朋友圈、写日记还是与朋友分享，都能让你妙笔生花，具有极高的收藏价值。

我的青春回头看了我一眼，
像是在跟我告别。

你相信吗？

天黑送我回家，

上车给我开门，

走路让我走内侧，

下雨给我送伞，

这样温文尔雅、风度浪漫的人竟从未喜欢过我一秒。

2019 年 12 月 22 日

对你好是我素质修养的本身，

而不是喜欢你。

那是他的礼貌、风度、涵养，但不是出于一分对你的爱。

从那次之后，她开始变得敏感、多疑、小心翼翼，

一旦有个风吹草动，马上就跑。

不再讨好任何冷漠，

从炽热疯狂熬到冷却无声。

2020 年 1 月 4 日

分开后，我见过太多像你的人了，

只是像你一点，仅此而已。

再没有其他想法。

遗憾的是，

我对你和像你的人再也不感兴趣了。

2020 年 1 月 5 日

你知道弃猫效应吗?

把猫丢了再找回来,

猫就会变得很乖巧听话,

因为猫害怕再次被丢下。

可他忘了,

有些猫是不会回来的。

2020 年 1 月 11 日

后来你认识了一个女孩,

她办事利落干脆,

脾气温柔如风,

性格阳光开朗,

交际甚佳人缘好。

却不明白她为什么从不谈恋爱。

2020 年 1 月 19 日

其实男孩比女孩更懂得试探，

比如问"你有没有谈过恋爱"，

他会假装随手掏出盒烟，给你递一支问："你抽烟吗？"

2020 年 1 月 26 日

错就错在不该暴露自己的感情。

无论你怎么回答这个问题，在他问这句话的时候，他就已经把你当作猎物了。

我并没有觉得他们很虚情假意，

只是把他们都幻想成了自己，

而我最拿手的就是随时可以表现出自己并不具备的品质。

2020 年 1 月 30 日

我并没有强到离谱，我只是把所有对手都幻想成了自己。

社交累，是因为每个人都试图表现出自己并不具备的品质。

你能想象吗?

没有明确关系的两个人,

却做着情侣的事情,

但闹矛盾后,

男孩就立马转身去找他曾经说看不起的女孩在一起了。

       2020 年 1 月 31 日

一根仙女棒可以燃烧 9 秒,

瞬间释放出 180 亿个火焰,

比银河系的星星还多,

所以我喊你出来放烟花,是想给你满天繁星。

       2020 年 1 月 29 日

从前有对老夫妻，

他喜欢吃鱼头，

她喜欢吃鱼尾，

互相把心爱的部分让给对方，

结果他们到死那天也没吃上自己心爱的东西。

2020 年 2 月 9 日

两个人都以为深爱着对方，其实在无意之间都抹杀了对方最爱的东西。

你认为最好的，不一定是别人想要的。

当她回消息开始慢了，

说话的语气也开始变得生硬了，

越来越喜欢更新动态了。

这一刻我知道，

风水轮流转，我的报应来了。

2020 年 4 月 10 日

"她很幼稚很天真地喜欢过我。"

"后来呢？"

"我把她丢下一段时间，突然想起她的时候，才发现她长大了。"

2020 年 5 月 12 日

你表现得毫无兴趣，我自然要收回所有的好感。

我前女朋友有个特点，

她一受委屈就会不停地做家务，

直到有一次我玩到凌晨才回家，打开门发现屋里一片狼藉。

2020 年 5 月 12 日

你要明白，太阳不是突然就下山的，

压死骆驼的从来不会是最后一根稻草。

我好像懂了，但又好像没懂。

她走了。

我向来擅长的谈恋爱方式就是，

一旦感受不到对方半点爱意时我就全身而退，

不会再做任何无回报的付出。

2020 年 5 月 28 日

多少人感受不到被爱，所以做了先走的那个。

你亲手毁掉我所期待的未来时，

你就应该知道，

清醒的堕落是我往后生活的常态，

你比谁都更没资格来指责我。

2020 年 6 月 6 日

我清醒地看着自己沉沦。

我喜欢的东西很俗，

但确实能让我快乐。

你也很俗，但你不是个东西。

2020 年 6 月 7 日

我做了个梦,梦见我睡在喧闹的马路上。

好多人看着我,有的在笑,有的在拍照。

旁边停着辆车,三个身穿白大褂的人向我走来。

2020 年 6 月 15 日

昨晚在酒吧看见她了,

染了黄发,手臂上多了几处纹身。

左手拿酒,右手拿烟,

身边还围着几个男生。

不知道她是在熬还是在潇洒。

2020 年 6 月 18 日

外表看起来好动爱玩,实际上你抛弃她那天,她就已经完了。

她在喜欢你的时候收起锋芒,你走后她原形毕露,桃花盛开,

喝酒蹦迪,"备胎"无数。

女孩子会把上一段感情所受到的负面影响带到新的感情里，

而男孩子只会把上段感情学到的骗人把戏运用到新的感情里。

2020 年 6 月 19 日

后来我没有再跟谁暧昧过，

也没有真正去勾搭过谁，

甚至连聊天的人都没有，

在新欢和旧爱里我选择了爱自己。

2020 年 6 月 22 日

时间和新欢我都没选，我选择了喝不完的酒和熬不完的夜。

我形容不出我有多难过，我只知道我不快乐。

女孩生性开朗活泼爱说话，

男孩总是赞她单纯可爱。

两人在一起不久后，

男孩突然发现她变了，

变得很幼稚，

变得很无理取闹。

2020 年 6 月 29 日

得到的是地上霜，得不到的才是白月光。

她原本就是这个样子，是新鲜感蒙蔽你的心智。后来你发现她变了，变得无理取闹，其实人家原本就是这个样子。

你大概是从什么时候发现他不喜欢你了？

有一次他拍了个很美的天空，还发朋友圈了，但没发给我。

2020 年 7 月 7 日

没有了分享的欲望便是散场的开始。

人生建议：在一起后千万不要扒对方老底。

因为还没遇见你之前，

他认识过的那些人，做过的那些事，

足够恶心到你。

2020 年 7 月 11 日

意外得知他前女友为他打过胎，

你说我该心疼那个女孩，还是心疼我自己？

一定不要问，知道他对上一个女孩子那么痴情以后，你都会

怀疑自己是个摆设。

小情侣大吵了一架，

男孩的兄弟朋友们都在劝男孩"好好把握机会"，

而女孩的闺蜜姐妹们都在劝女孩"放弃吧，不值得"。

2020 年 7 月 12 日

兄弟朋友们说的话是不想让男孩有遗憾，闺蜜姐妹们说的话

是不想女孩再受到伤害。

我不希望她有任何报应，

她没有对不起我，

所有罪名都让我来承担。

她还小还不懂事，不能有负面情绪，

我真的太喜欢她了。

2020 年 7 月 17 日

我有个朋友，

她像张白纸，

从来没有谈过恋爱。

有一天她问我，男孩子都喜欢什么样的礼物？

那一刻我知道，她的劫要来了。

2020 年 7 月 23 日

没有感情经历的女孩谈恋爱如同渡劫。

男孩约了女孩十点见面，

女孩在出门前带了化妆品和充电器。

男孩在出门前删干净了聊天记录，

打开了静音免打扰。

2020 年 7 月 26 日

这个女孩子的劫好像来了。

我今天又没看懂孔德男的文案，有人可以解释一下吗？

女孩想和男孩过夜，男孩出门前把和其他女孩的聊天记录删了，

还打开静音，防止被发现。

男孩向女孩提出了分手，

可没过多久又复合了。

但在未来的日子里，

尽管男孩演得再爱再生动再逼真，

那女孩都不会再当真了。

2020 年 7 月 27 日

犯过一次的错误，就不会再犯第二次了。

分手后的隔阂永远擦不掉，我永远记得他在分手前做出的事、说过的狠话。

女孩的男朋友烟瘾很大，

但打火机老不见。

他们分手一年后，

男孩搬家时翻开衣柜下层，

发现全是当年女孩藏起来的打火机。

2020 年 7 月 29 日

太阳从来不是一瞬间就下山的。

我能感受到那女孩的委屈，也同样能感受到男孩打开衣柜那瞬间的崩溃。

女孩怀孕了，

男孩姓李，给小宝宝取名为李梓淇。

两年后女孩打扫时意外翻出男孩的初中校服，

校服里画着三个大字——黄梓淇。

2020 年 8 月 2 日

好像看懂了，好像又没看懂。

我能感受到那女孩看见那三个字后的崩溃，因为我的前任和我在一起的同时也爱着她自己的前任。

可能终究，还是没能成为例外，而成为替代吧。

事故现场,

白无常说:"奇怪,名单上明明显示男性啊!"话音刚落,

黑无常急忙翻开女孩的手臂内侧,竟刻着名单上的名字。

2020 年 8 月 3 日

如果你纹了别人名字的话,那么你会替你纹的那个人受劫,

也就是说,你的不好都是在替他挡灾。

后来他对每个女孩都温文尔雅,

风度有加,约会时会带纸巾,

吃饭时会主动拉椅子,

可惜当初教会他这些的女孩已经不在了。

2020 年 8 月 4 日

讽刺吗?他的温柔和细心全是前任教的。

男孩子一辈子会遇见两个女孩,一个教会他去爱,另一个被他爱。

男孩和女孩约好了，以后有个家养条狗。

可没过多久他们就分手了。

半年后，当男孩再见到女孩时，

她挽着别人的胳膊牵着狗。

2020 年 8 月 6 日

狗还是狗，只不过人不是了。

我打碎了一个花瓶，第二天，我又买了一个摆了上去。

女孩刚上车就被投来许多异样的目光。

小孩说："妈妈，这个姐姐身上有好多图案。"

妈妈说："傻孩子，那是姐姐的青春。"

全场安静。

2020 年 8 月 22 日

葬礼结束后，

一位年迈的女人蹲在石碑前骂骂咧咧地说道：

"你还是一如既往的没礼貌，走的时候连再见都不说一声！"

2020 年 8 月 7 日

男孩和女孩要结婚了。

男孩在结婚前一天说："我要结婚了。" 随后把她删了。

而女孩在结婚前一天加回了他，说："我要结婚了。"

2020 年 8 月 8 日

嫁给自己不爱的人，娶到了不爱自己的人。

你现在还小，你不懂，也许合适比喜欢更重要。

在结婚的那前一天，男孩和女孩都对自己最喜欢的人说：

"我要结婚了。"

司仪在婚礼现场上说,两个相爱的人始终会走到最后。

男孩站起来问:"那我和她为什么走散了?"

司仪说:"因为你们其中一个在说谎。"

2020 年 8 月 11 日

他给我脱过鞋,洗过衣服,每个月工资上交,家务都是他做,每天下班回来都是他给我洗脚,他兄弟朋友爸妈都知道我,你说这样的人说不爱就不爱了,我怎么都不敢相信!

你以为他满眼是你,事实上他从未动心。

今晚刷到一段视频，

内容是男孩为爱情轻生。

男朋友在旁边嘲笑道，居然还有这么傻的男孩。

我猛地一下好像知道了些什么。

2020 年 8 月 16 日

一个深陷其中，一个理智冷静。

她知道了，他是不会为自己做出任何有代价的事情。

你男朋友很理智，不会为爱情付出半点代价，聪明的是他，苦的是你。

男孩子分手后会频繁更新动态，

想让全世界知道他分手了；

女孩子分手后会把以前的动态删除，

不想让别人知道她分手了。

2020 年 8 月 17 日

一个迫不及待找下家，一个苦苦等待他找她。

男孩发动态是真的放下了，女孩删动态是在逼自己放下。

男孩子分手后，兜兜转转一圈发现还是她最好；女孩子分手以后，绕了一圈发现所有人都比他好。

她总是很啰唆，

列表有异性，她要说；

动态不发合照，她要说；

回信息慢，她也要说。

后来不知道从哪天开始，她变得一句话也不爱说了。

           2020 年 8 月 19 日

爱得越深控制欲越深，没有例外，除非不爱。

当一个女孩开始不闻不问的时候，就代表她要离开你了。

地铁站内，女孩哭得稀里哗啦，众人围观。

小孩："妈妈，这姐姐哭声好大诶。"

妈妈："没关系的，姐姐只是不想回家关上门再哭了。"

2020 年 8 月 23 日

班上都在传一对男女生的关系，

直到传到老师耳朵里。

老师说："爱没用，相爱也没用，时间太早都熬不到哪去。"

2020 年 8 月 25 日

相遇得太早，都熬不到哪去。

为什么我让他发朋友圈，他会发，

但他从来不要求我发？

为什么我要翻他的手机，他会答应，

但他从来不翻我的手机？

2020 年 8 月 27 日

我打不开他的手机。

一个以为公开了就长久，一个以为不约束就会白头。

要是那天没偷看她的手机，现在应该已经结婚了。

人不会约束一个自己不爱的人，爱得越深，约束欲越深。

没有例外，除非不爱。

她总是有很多小情绪,

经常需要我哄。

我觉得她很笨很幼稚,

后来慢慢地她没小脾气了,会照顾自己了,变成熟了,

代价是失去。

2020 年 8 月 28 日

她长大了,她走了。

实际上从那次之后,

她开始变得敏感多疑,

小心翼翼,一旦有风吹草动就跑。

不再讨好任何冷漠,

从炽热疯狂熬到冷却无声。

2020 年 9 月 1 日

女孩子会把上一段感情所受到的负面影响带到新的感情里。

她在试图收心,但阴影就是阴影,抹不去也忘不掉。

很久以前我遇见了一个很爱我、很宠我、很照顾我的男孩,

以至于我后来所遇见的每一个男孩,

我都觉得他不爱我。

2020 年 9 月 1 日

我深知一个男孩爱我的样子,后来我所遇见的每一个男孩,我都觉得他不爱我。

男孩说:"在干吗?"

女孩说:"刚到家呢。"

"我跟你说,我下午买奶茶时碰见了小学同学,

我俩就站在店门口聊了半小时,哈哈哈!"

2020 年 9 月 7 日

他随口一问,你却恨不得把一日三餐加整体行程分享给他。

我不会因为我男朋友对其他女孩好而感到生气。

我允许他给她们开门，

允许他给她们让座，

我允许他对别人温柔。

         2020 年 9 月 9 日

句句看似大方无比，实则早无半点爱意。

要么她很自信，要么满不在乎。

后来我慢慢发现，原来和好朋友出去玩才是真的玩，

和一般的朋友出去玩只不过是，

为了比比谁更会穿、谁更会装。

         2020 年 9 月 12 日

真正的好朋友是不会在对方身上找优越感的。

我和她们好好说话，她们以为我很好说话。

有个女孩被甩了,

所有人都在指责男孩不负责、没担当。

后来两人复合了,

可没几天男孩又把女孩甩了,

所有人都说女孩活该。

        2020年9月18日

不到黄河不死心,到了黄河就淹死。

第一次犯错是无知,第二次犯错是选择。

人总喜欢在一棵树上吊死。

我已经过了争风吃醋的年纪了,

你无数次拈花惹草的瞬间,

我也没过多打扰你。

你可以永远长不大,但我不可以永远没有安全感。

        2019年12月31日

你要是在乎我的话,就会在乎我的话。

男孩在操场上向女孩表白，

在场的人纷纷起哄："答应他……"

却没人替女孩解围，

女孩接受了。

第二天女孩瞒着所有人转校了。

2020 年 9 月 19 日

在双方没有确定的情况下，大庭广众的表白就是道德绑架。

人人都在起哄，可谁也不知道女孩有多难受。

我不知道"性格不合"是不是一个正确的分手理由。

如果是，那为什么我对别人说不出口；

如果不是，那为什么他说得出口。

2020 年 10 月 2 日

男孩约女孩八点出去玩,但男孩八点半才出门。

男孩约女孩看电影,男孩带了一束花,女孩带了两瓶水。

2020 年 9 月 21 日

好像看懂了,又好像没看懂。

女孩哭得很大声,

所有人都以为是男孩干的,

但不管大家怎样指责男孩,

他都没有回应。

当救护车赶到时发现,男孩已经死了。

2020 年 9 月 27 日

公交车司机上班迟到了五分钟,

却不知道这小小的举动,

把本来互不相识的两个陌生人聚集在一起,

后来两人一见钟情表白结婚。

2020 年 10 月 1 日

你随手丢了一把 AK 在巷子里,却不知道当晚一个歹徒追杀

一个小姑娘到那巷子,小姑娘捡到了 AK,歹徒被反杀。

你随脚把一个石头踢进了篮球场里,一个充满篮球梦的少年

却偏偏踩到了这块石头。

女朋友经常会在朋友圈发我们的合照,

每次当我点赞评论后,都在思考自己是不是应该也发一条,

这种罪恶感深深压积在我心底。

2020 年 10 月 5 日

当你还在思考发不发的时候,她就已经输了。

当你约了一个女孩出去吃饭,

但女孩是带着她姐妹来赴约的,

那么你就要小心了。

2020 年 10 月 10 日

如果她带了姐妹,说明今晚你带不走她。

男孩喝醉后向女孩谈起了和他在一起三年的前任,

第二天他们就分手了,

女孩提的。

2020 年 10 月 11 日

我不介意你的过去,我介意你的过去还没过去。

我想知道,女孩子听到男孩聊起他的前任的时候,是什么感受。

他每次发他和女朋友的合照时,都会把我屏蔽掉。

你说是他女朋友输了，

还是我输了？

           2020 年 10 月 13 日

三个人都输了。

他谁都不爱，他只爱自己。

一对情侣在大街上吵架，

男的占上风，

他当着众人面指着女孩鼻子骂。

最后一句话是："以前做什么不好，非得是做夜场的。"

           2020 年 10 月 14 日

两人在一起是过未来，不是翻对方的以前，对方的以前跟你无关。

爱一个人，不要怀恨她的过去，因为你来晚了，没有太早好好保护她。

女孩生性开朗活泼爱说话，

男孩总是赞她单纯可爱。

两人在一起不久后，

男孩突然发现她变了，

变得很幼稚，变得很无理取闹。

2020 年 6 月 29 日

得到的是地上霜，得不到的才是白月光。

花落下的时候没死，

风捡起，

又落下，

花才死了。

2019 年 10 月 29 日

一直好奇男朋友的锁屏密码为什么是0597,

而且一用就用了大半年。

后来才知道,和他在一起两年多的前任名字就叫李梓琪。

2020 年 10 月 28 日

人的某些密码肯定和前任有关系。

人生建议:别好奇、别打听、别扒底。

我现在的锁屏密码还是他的名字,可能是我习惯了懒得改,

也可能是我还喜欢他。

有女朋友后,一定要你先发朋友圈。

头像换她的,背景换她的,手机任她查。

两个月后再提分手,

她没有两三年时间都放不下你。

2020 年 10 月 31 日

你以为的救赎不过是下一个深渊。

小情侣分手那天，

男孩把女孩删了，

女孩把男孩删了后还删了 24 人。

2020 年 11 月 2 日

每谈一次恋爱，圈子就会小一圈。

后来他没了，回头发现，自己的圈子也没了。

一个女孩真想分手，她会把从男孩身边认识到的人全部删掉。

你删得越多，你们以前就有多相爱；你删得越多，你现在就有多决绝。

曾经你为了一个人而远离了一群人，如今那个人离开了，你失去了所有人。

我很讨厌前任那种一吵架就沉默，

不说话，不解释，也不道歉的脾气。

但后来我发现，我越来越像他了，

越来越像……

        2020 年 11 月 12 日

你离开后，我变成了你的样子。

人生建议：千万不要和出来太早的人谈恋爱。

因为他们都还没享受到如何被爱，

就要学会如何爱别人。

        2020 年 11 月 9 日

过早独立的灵魂是最强大的，自己的爱都得不到满足，还要

施舍给别人。

男孩子玩得越早见识越多，反而收心更早，看上去越放荡不

羁，往往更专一。

- 40 -

产房里突然一声哭啼，

所有人都在庆祝孩子新生。

妹妹在我耳边轻说："哥，我没能嫁给喜欢的人。"

听完后我内心顿时倒海翻江。

2020 年 11 月 10 日

谈恋爱是喜欢，结婚是合适。

你在我 18 岁的时候说要娶我，那么不管我 30 岁、40 岁的时候你娶了谁，我都在 18 岁的时候嫁给你了。

为什么父母不同意的感情，

女生会愿意坚持，

而男生不愿意呢？

2020 年 11 月 1 日 5 日

因为不够爱。

父母不让娶的都没娶，父母不让嫁的都嫁了。

女生大多比较感性，她们愿意和喜欢的男孩在一起克服一切。

而男生大多比较理性。

你一定要知道,

分手后他提出还想和你做朋友的话,

那么他一定有问题。

2020 年 11 月 17 日

他不爱你,他还不想放过你。

真正爱过的人分开后是没法做朋友的。

睡回笼觉。

后来才知道,

原来女孩子公开新恋情不是给现任看的,

而是给前任看的。

2020 年 11 月 20 日

我要告诉他,没有你我过得也很好。

他看到的时候心里会不会一颤?

为什么说男孩找到新恋人之后还可以和前任复合,

而一旦女孩找了新恋人之后,就和前任真的结束了?

2020 年 11 月 21 日

男孩子分手后会觉得所有新欢都没有前任好,而女孩子分手后会觉得所有新欢都比前任好。

男生只有遇到下一个才会知道你的好,女生遇到下一个就会知道你不过如此。

为什么男孩子都喜欢找比自己年纪小的女孩谈恋爱，

而女孩子都喜欢找比自己年纪大的男孩谈恋爱？

2020 年 11 月 23 日

男孩可以教很多个女孩长大，而女孩教一个男孩长大之后就再也不敢了。

女孩不找弟弟谈恋爱的原因是，弟弟永远是弟弟，永远长不大，什么都不懂，什么都做不好，不会照顾人也不懂得浪漫。

一个好骗，一个会哄。

为什么男孩提分手,

女孩不管怎么挽留都没用;

而女孩提分手,

男孩不同意就分不了?

2020 年 11 月 27 日

男孩提分手是真的想分,而女孩提分手多半是想让男孩挽留。

一个想让你放手,一个想让你挽留。

一个心死,一个心软。

如果有男孩约你晚上出去玩，

你千万不要带化妆品和充电器，

别问为什么。

2020 年 12 月 4 日

凶手和恋人都会在出门前做好准备。

不带化妆品和充电器的话，你会在外面玩三个小时就回家。

男孩送了部手机给女孩当生日礼物。

几个月后他们分手了，

分手第二天，男孩开口向女孩拿回了手机。

2020 年 12 月 5 日

分手见人品，是想纠缠还是耍无赖？自己知道！

是他付出的，他一定一丝不剩拿回来。

我又不爱你，只是拿回来应该属于我的东西。

小情侣每次出去玩时，

女孩都会发动态秀恩爱。

后来慢慢地不知从哪天开始，

女孩再也没发过动态。

2020 年 12 月 9 日

每次都是女孩子自己发，单向付出是会累的。

有一个主动秀恩爱的男朋友真的很幸福。

开始我确定了，后面我不确定了。

发了好几次，还是得不到他的回应，我会把那天的朋友圈删掉

或者隐藏，因为摆在那里好像就看到了自己的卑微和讨好。

今天发小带着和他在一起两个多月的女朋友出来玩，

全程他女朋友都叫他李伟，

可我们熟的人都知道他真名叫李志强。

2020 年 12 月 14 日

喜欢的人，你会恨不得让他知道所有事情，因为你会迫不及待地想让他了解你，面对不喜欢的人，你会连名字都给假的。

她越不了解我，她就越不黏人。

有的人啊，一开始就想好了退路。

为什么女孩子永远好奇自己男朋友和他前任的分手原因，而男孩子从来不会过问自己女朋友和她前任的分手原因。

2020 年 12 月 20 日

因为女生想了解他的过去，男生不愿提起她的伤心事。

女孩子敏感，喜欢打破砂锅问到底；男孩子理性，认为过去就算了，没什么好问的。

看花就好了，别管花底下埋的是什么；你爱她就好了，别管她以前发生过什么。

闺蜜和她男朋友分手了,

我问她为什么分手,

她说:"他昨晚向我求婚,地点在加油站,求婚两字随口一说,他永远像个小孩。"

2020 年 12 月 21 日

没有女孩愿意在加油站接受求婚。

他永远像个小孩,做什么事都是一时兴起。

今天兄弟和他的女朋友分手了,

我问他为什么分手,他说:"我不会娶圈子太大的女孩。"

我愣了一下,半天没反应过来。

2020 年 12 月 12 日

双方在一起后都要缩圈避嫌,修身养性。

你的圈子太大,我就感觉自己可有可无了。

你们一定要知道，

恋爱后主动提前任的人，

那他一定有问题。

2020 年 12 月 2 日

现任面前不提前任，这是尊重。

在现任面前提前任是炫耀，在前任面前提现任是安全感。

想让你因为他吃醋罢了。

以后和喜欢的人住在一起时，

千万别带手机洗澡，别问为什么。

2021 年 1 月 6 日

其实就算他不带，我也不会翻他手机，但只要他一带进去就会产生信任危机，你不信任我不信任你。

带手机洗澡是对另一半的不信任。

小情侣因小事吵架,

争吵到最后女孩赌气说:"睡了,晚安。"

男孩回了句:"晚安。"

第二天两人就分手了,

女孩提的。

2021 年 1 月 6 日

每争吵一次,我对他的爱就减低一分,但我不会说出来的,我会永远记得。

吵到最后我赌气说"睡了,晚安", 就是想让他哄哄我,但他回了句"晚安",那一刻我知道,变了。

带着情绪过夜又怎样,睡醒了还是会接着爱他。

不能让吵架隔夜。

男孩妈:"妈,我今年过年想带女朋友回来,

但……她手上有好多图案。"

妈妈:"图案,就是那种很好看的刺青吗?"

2021 年 1 月 8 日

年轻时候的纹身,称之为青春。

向你表白的人不可怕,

当那些得知你有对象后,

还向你表白说愿意等你分手的人最可怕。

他们有着猎人的沉着和忍耐,

他们拥有绝对的理智和冷静。

2021 年 1 月 9 日

他在学校门口的奶茶店加了我,

发现他朋友圈里全是关于学习和篮球的动态,

然而当他向我表白那一刻,我慌了。

        2021 年 1 月 16 日

班上有个男孩很怪,

下课总往厕所跑。

后来听同学说才知道,原来男孩心仪的女孩在三班,

三班是去厕所的必经之路。

        2021 年 1 月 17 日

你以为的每一次偶遇,都是我精心策划的安排。

学生时代的爱情总是美好而热烈。

我做过最蓄谋已久的事就是喜欢你。

女孩噼里啪啦发了一大堆话过去，三个小时后，

男孩就回了句"刚刚没看手机"。

第二天两人就分手了，女孩提的。

2021 年 1 月 18 日

其实你心里比谁都清楚回不去了，但你就是不甘心。

女孩问男孩为什么要和其他女孩聊天，

谁知男孩理直气壮地来了句："我和她又没发生什么，更何况人家是有男朋友的。"

2021 年 11 月 19 日

和异性聊天要避嫌，和有对象的异性聊天更要避嫌。

和他吵架了，我向闺蜜哭诉："他是不是不爱我了？"

闺蜜来了句："他要是爱你的话，你就不会问这个问题了。"

听完我愣住了。

2021 年 1 月 21 日

当你觉得是不是肚子饿了，别猜，你就是肚子饿了。

很多问题当你问的时候，自己就已经有答案了。

不存在的东西怎么感受得到，

你在火炉边烤火就不会感到冷。

闺蜜和她男朋友在一起快两年了，

我问她是怎么坚持下来的，

她说："这两年里我和他分了16次手。"

2021 年 1 月 22 日

互相喜欢又互相折磨。

吃饭时妹妹说，班上有个男孩老是跟在她背后弄她的头发。

爸妈说明天去学校告老师，

可只有我知道，那男孩只想引起妹妹的注意。

2021 年 1 月 23 日

年纪小时不懂得表达爱意，以为引起对方的注意就是爱。

我做的所有蠢事都是为了引起你的注意。

下午他带我去游乐园，

晚上请我吃饭。

十点去看电影，回到家时我打开他手机，

看见他对另一个女孩说："刚下班，今天工作好累。"

2021 年 1 月 24 日

女孩是个明星，

男孩不喜欢她那么耀眼，

便亲手毁了她的星途。

当他知道女孩为他偷偷生下两个孩子，

他疯了似的指责所有人。

2021 年 1 月 25 日

她愿意和你住着二十平的小单间，

愿意和你看半价电影，愿意和你吃八块五的麻辣烫，

是她愿意陪你吃苦，不是她只配吃苦。

2021 年 1 月 28 日

我可以陪你吃麻辣烫，但我不是只配吃麻辣烫。

女朋友陪你吃苦，不是你炫耀的资本。

她陪着你吃苦，和你过着省吃俭用的生活，

不要认为她只配这样的生活，只是因为她爱你。

有次和他吵架，

嫌他情人节没仪式感，

谁知他随口来了句："城里有几个花店、几家法式餐厅，我都知道，你配得上我？"

2021 年 1 月 29 日

他知道怎么去爱一个人，但不会那样去爱你。

男人会根据你的消费水平、你自身的条件来决定给你的礼物，以及吃饭的餐厅档次的高低。

陪你吃苦是因为我爱你，而不是我只配吃苦。

男孩很喜欢打篮球，

每次打篮球都会把手机交给女孩保管，

直到有次女孩不小心碰到了开屏键，发现已开启飞行模式。

2021 年 1 月 31 日

原以为是毫无保留，实际上是步步为营。

他先是用极致的细节打动你那躁动不安的心，

然后再用细腻的温柔让你慢慢沦陷。

原以为是和盘托出，实际上是棋逢对手。

如果一个女孩经常提分手,

那么请不要去责怪她,

因为是女孩的前任没有好好爱她。

        2021 年 2 月 1 日

被丢下过一次的小孩,会质疑所有人的爱。

和她异地恋相距 1964 公里,

有次她发朋友圈说她那边正在下暴雨,

我只能假装没看到,

因为我不敢问她有没有带伞。

        2021 年 2 月 7 日

爱是做了什么事,不是说了什么话。

不能做到的事情,就不要开口问了。

昨晚和他大吵了一架，

我委屈地抱着被子哭，

他去了阳台抽烟，

谁知他抽完后回到房间来了句："起来，我送你回家。"

2021 年 2 月 9 日

她等着他安慰，他当她是累赘。

他只觉得你无理取闹想赶紧摆脱。

你今晚回家睡，这句话的杀伤力比分手还要强。

我等了他一年，这一年时间里他在不停地谈恋爱。

后来他找回我，我没同意，我觉得他脏。

2021 年 1 月 20 日

一边哄着新欢，一边怀念我。

他喜欢我三年，但至少有两年半他都有女朋友。

人可以回头看，但不能回头走。

他跟我提分手那天,

我下午给他点了杯奶茶,

傍晚拍了日落视频发给他,

晚上告诉他:"我吃了番茄炒蛋和小龙虾。"

2021 年 2 月 17 日

没有人会突然不爱你,只是你突然知道了而已。

有的人被爱,有的人被爱蒙在鼓里。

我女朋友特喜欢叭叭说话,一天给我发 800 多条消息,

直到后来她给我发的消息越来越少,

回复也越来越慢的时候,

我慌了。

2021 年 2 月 12 日

所有的热情都在等待和失望中消失,没有例外。

她发的消息少是因为她懂了,热情得不到回应就适可而止;

她回的消息慢是因为她在用你对待她的方式对待你。

男孩的女朋友有个特点，

她一委屈就沉默不说话。

直到有一次男孩在外面玩到半夜，女孩发了条长篇大论，

他疯了似的跑回家。

2021年2月20日

失望攒够了，就再也不会回头了。

压倒一个人的从来不是最后一根稻草，而是每一根稻草。

太阳不是突然就下山的，女孩也不是突然就走了，压死骆驼

的从来不会是最后一根稻草。

分手后收到他的消息，

他说想复合。

我忍住内心躁动，小心翼翼地问他："这次是真的吗？"

他说："今晚十点我在宿舍等你。"

2021 年 2 月 21 日

一个用心爱人，一个用身爱人。

你爱的是晚上十点以后的我。

吃饭时我主动备好筷子、拿好勺子给她，

她问我："你怎么知道我吃饭喜欢用勺子啊？"

我笑了笑，没说话，继续吃饭。

2021 年 2 月 22 日

不是我懂你，而是我懂她。

朋友是个海王，

听说昨天他被一个女孩甩了，

大家都很好奇。

他开玩笑说："我对她根本不上心。"

可今天发现他剪了个寸头。

2021 年 2 月 25 日

小情侣复合了，

女孩在复合那天晚上把闺蜜介绍的异性都删了，

男孩在复合那天晚上把和异性的聊天记录都删了。

2021 年 2 月 26 日

她把暧昧对象删了，他把暧昧对象的聊天记录删了。

你真情演出，他演出真情。

圈内有个叫琪琪的海王，

朋友说她乱，劝我别和她玩。

直到有一次玩大冒险互看手机，

我看她列表里只有 136 人，我愣住了。

2021 年 2 月 28 日

一个女孩的坏名声往往来自得不到她的男人，

和羡慕她的女人。

昨天我在大街上见到她了，

她穿着对高跟鞋和一条我从未见过的裙子，打扮得很美，

在那一刻我突然发现她好迷人。

2021 年 3 月 8 日

她穿裙子站在你身边你看不见，后来她穿裙子站在人海里，

你看到了。

她和你在一起之前收起了锋芒，你走后她桃花盛开，事事得意。

运动会上,

女孩在短跑比赛中摔倒扭伤了脚,被迫退赛。

老师们便派了体型瘦弱成绩最差的男孩上场,

他这一跑便是全校第一。

2021 年 3 月 9 日

电影院内一对情侣在争吵,男的占上风。

他不顾众人的目光,指着女孩的鼻子骂,

最后一句是:"和年纪小的谈就是麻烦。"

2021 年 3 月 12 日

既然享受了她的年轻,就不要责怪她的任性。

你想要她的可爱就要接受她的任性,想要她的天真纯情就要接受她的无理取闹。

喜欢她的年轻,占有她的年轻,却又怪她年轻。

两个爱玩的人在一起不可怕,

可怕的是两个人都互相喜欢上了,

更可怕的是双方都以为对方在玩自己。

            2021 年 3 月 31 日

昨天闺蜜和她男朋友分手了,

我问她:"你不是挺喜欢大叔型吗?怎么就分手了?"

她说:"他 34,她 29,我 21。"

听完我虎躯一震。

            2021 年 4 月 4 日

三角关系中,年龄最小的出局。

昨晚喝醉了,他摸着我的脸,

我以为他会说浪漫的话,

谁知他来了句:

你知道吗?那个我最喜欢的前任,长得还没你好看。

2021 年 4 月 11 日

你什么都比她好,但他就是放不下她。

海滩上有个男孩手捧鲜花向女孩表白,

众人围观,女孩委婉拒绝了。

就在她准备离开时,

男孩发了疯似的拿鲜花砸向女孩。

2021 年 4 月 13 日

没答应他就恼羞成怒,想要伤害她,他没有那么爱她,他只想拥有她和浪漫人设,得不到就毁掉。

去机房上课的路上，

有几个男生走在一起，

听到其中一个男生胆怯地说：

"你们先帮我看看，我前任在不在这里……"

2021 年 4 月 16 日

闺蜜搬家叫我帮忙，

当把所有行李从她男朋友家搬到楼下时，

我问她是不是分手了，

她说："我跟了他 6 年，我下个月就 25 了。"

2021 年 4 月 23 日

我没有青春再陪你长大了。

我也想和好，

可我玩得太厉害了，

我收不住心，

我们都变了，

我们回不去了。

2021 年 4 月 24 日

我们都回不去了，就不要互相折磨了。

新娘一进场就引来众人的议论纷纷，

小孩说："妈妈，这新娘姐姐穿着黑色婚纱！"

妈妈说："傻孩子，黑婚纱代表忠诚。"

全场安静。

2021 年 4 月 25 日

小情侣分手了，男孩笑着和朋友说："过几天就复合。"

女孩哭着和闺蜜说："他每次都这样。"

最后男孩哭红了眼，

女孩笑着走了。

2021 年 4 月 30 日

他以为她还会回来，她却死了心。

一个以为对方不会走，一个以为对方会挽留。

为什么男孩子找女孩拍合照，

女孩百分百不拒绝，

而女孩子找男孩拍合照，

80%的男孩都不答应？

2021 年 6 月 10 日

男孩子不喜欢拍照。

女孩子不拒绝合照是因为喜欢他，男孩子不答应合照是因为怕以后分手了不好收场。

恋爱中的男生是没有发朋友圈这个功能的。

2021 年 6 月 13 日

你觉得他不喜欢发朋友圈,他觉得不想发关于你的朋友圈。

因为没有信心走到最后,所以就不公开。

没有发动态的日子都在和她好好恋爱。

我太理智了,

我会在别人不需要我的时候,

悄悄离开,不动声色。

2021 年 6 月 21 日

你还没有发现,我已经开始远离你了,慢慢地,但很坚定。

识趣在帮知趣收拾烂摊子,我清醒了。

现在我处理所有复杂关系的原则就是算了。

人生建议：千万别在低谷期谈恋爱，别问为什么。

2021 年 6 月 27 日

因为你爱不了自己，又爱不了别人。

你以为那是救赎，其实那只是另一个深渊。

为什么女孩子永远好奇自己男朋友的前任，

而男孩子从来不会过问自己女朋友的前任？

2021 年 7 月 1 日

你以为他很大方，实际上他根本不在乎。

因为女孩子害怕他还喜欢她。

因为他的秘密让自己心虚到不敢问你的过去。

为什么男孩子喜欢和比自己年纪小的女孩谈恋爱,

而女孩子不喜欢和比自己年纪小的男孩谈恋爱?

2021 年 7 月 4 日

我介意姐弟恋,因为我感觉是在带弟弟,他永远长不大。如果他比我大,我可以跟他撒娇闹脾气,可是如果他比我小,就感觉做这些事情很别扭。

目前已经没有人能让我心动,

遗憾的是我失去了爱人的能力。

2021 年 7 月 15 日

无感状态,不想爱,也不想被爱。

我没有放不下的人,但也接受不了新的人。

闺蜜和她的上一任分手已经两年多了，

她表现得故作轻松，

逢人问道就说早忘了，

可只有我知道她一个头像用了两年。

2021 年 7 月 21 日

她说她忘了，可她一个头像用了两年。

懒得换头像，懒得去喜欢新的人。

很多时候我都在想，

当初我并不喜欢这种类型的女孩，

现在怎么就在一起了呢？

2021 年 4 月 26 日

不是那个她，是谁都无所谓。

合适比爱更重要。

心动打破原则，喜欢没有标准。

为什么男孩子提分手,

女孩不管怎么挽留都没用;

而女孩子提分手,

男孩不同意就分不了?

2021 年 7 月 28 日

一个想让你放手,一个想让你挽留。

一个是通知你,一个是试探你。

我每天都在幻想着,如果他喜欢上了别人那该多好啊!

这样我就有了离开的理由。

2021 年 8 月 14 日

只能怪自己心不够狠,不敢离开。

事实证明:

谈过姐弟恋的男孩更容易长大和懂事,

因为姐姐最需要的就是成熟和稳重。

2021年8月17日

姐弟恋中的弟弟永远是受益者。

一个需要被爱,一个需要成长。

陪一个男孩长大本身就是一场豪赌。

为什么男孩子找完新欢后还能和前任复合,

而女孩子一旦找了新欢之后就和前任真的结束了?

2021年8月21日

男孩子分手后会觉得所有新欢都没有前任好,

而女孩子分手后会觉得所有新欢都比前任好。

女孩子分手之后会慢慢适应,男孩子会慢慢醒悟。

人生建议：千万不要和不发朋友圈的人谈恋爱，别问为什么。

2021 年 8 月 26 日

因为他们能控制自己的分享欲。

没人知道他的动态，没人知道他在和谁恋爱。

小情侣吵架了，

男孩不理女孩，

女孩学着男孩也不理他，

可女孩更难过了。

2021 年 9 月 2 日

他不理你三小时，你生气委屈三小时。

你不理他三小时，他睡足三小时。

可惜他不在意，我也学着他的方式，但难过的只会是我。

不是我懂你，是我懂她。

2021 年 9 月 19 日

约会时要带一包纸，因为以前她总是不带；吃饭时要备好勺子，因为以前她总是不用筷子；睡觉时要用肩膀给她当枕头，不然她会睡不着。

把上一任所亏欠的温柔细心都留给了下一任。

感情中的第一定律：如果一个男孩对你很好，处处温柔细心，那么一定是他的前任教会的。

他的所有细节温柔都是前任教的。所谓前人种树，后人乘凉。

习惯了她的习惯。

为什么女孩子会对下一任越来越胆小,

而男孩子只会对下一任越来越好?

2021 年 9 月 27 日

女生永远都是攒够失望离开,男生永远都是积累经验重来。

男孩子之所以对下一任得越来越好,是因为他亏欠了前任,

或者是前任教会了他怎么去爱人。

男孩一辈子会遇见两个女孩,一个教他爱,一个被他爱。

发完消息，我转身对朋友说："你信不信，他会很久不说话，然后敷衍回复跳过话题。"

三个小时后他发来两条消息，

一条是表情包，第二条是"刚刚没看手机"。

2021 年 10 月 2 日

敷衍带来失望，失望到了一定程度人自然会散。

如果一个男孩约了你出去玩，

但他全程都不看手机，

那你就要小心了。

2021 年 10 月 3 日

你知道我为什么每次和她们出去玩时从来不看手机吗？因为我怕其他女孩突如其来的消息。

人生建议：千万不要暴露自己的原生家庭，

因为他们不仅会很容易猜出你的性格和弱点，

还会给你打上标签。

           2021 年 10 月 7 日

你一定要知道，

分手后提出还想做朋友的人，

一定有问题。

           2021 年 10 月 13 日

他不喜欢你，还不想放过你。

后来才知道，

为什么有的情侣分手了还能做朋友，

而有的情侣分手了连联系方式都得拉黑。

2021 年 10 月 15 日

真正爱过的人，分手后是做不了朋友的。

因为真正爱过的人，再见面还是会心动。

小情侣分手了，男孩加回女孩，

验证通过后女孩的第一句话就是：

"你知道我当初为什么和你分手吗？

因为你永远会和前任纠缠不清。"

2021 年 10 月 18 日

永远拈花惹草，永远雨露均沾。

他一定没想到我会这么厉害,

厉害到我和他分手后,两年都没谈过恋爱。

2021 年 10 月 29 日

原来真有人把回忆谈得比恋爱还长。

我不是在等你,可也不太想新的开始。

人生建议:谈恋爱后千万不要和现任的前任聊天,

好奇心会害死猫。

2021 年 11 月 3 日

你会羡慕她曾经拥有过你没拥有过的东西。

他的前任为了不让他好过,会说尽他之前的所有烂事。

现任的前任会告诉你很多你不知道的秘密。

你眼中的现任和他的前任眼中的他,完全是两个人。

越来越明白,

为什么女生会愿意和现任的前任做朋友,

而男生会不愿意。

2021 年 11 月 6 日

女生的好知欲,男生的占有欲。

男生能有什么隐私,

唯一的隐私就是隐藏着另一个女孩的存在。

2021 年 11 月 13 日

解决问题的最好办法就是逃避问题。

喜欢一个人是藏不住的,但喜欢两个人就能藏得住。

你永远不知道一个男的为了隐藏另一个女孩的存在,费了多少心思,又为了让你安心,在你面前撒了多少谎。

感性的前任都死缠烂打，

理性的前任都忘情负义。

2021 年 11 月 14 日

感性的都是大情种，理性的都是冷血怪。

理性永远在给感性收拾烂摊子。

如果你很享受现在单身的状态，

那说明上一段感情过得很糟糕。

2021 年 11 月 17 日

如果你这一段感情总是在吵架，说明你把上一段感情的遗憾带到这段感情里了。

上一段感情给我带来的伤害太大了，我走不出来，也接受不了下一个。

感性的都分分合合几百遍，

理性的都一谈就是好几年。

2021 年 11 月 19 日

如果相爱太难，那还不如选择自由。

为什么男人喝醉了第一个想起的永远是他最对不起的女人，

而女人喝醉了第一个想起的永远是伤她最深的男人？

2021 年 11 月 21 日

男人永远忘不掉那个陪自己吃过苦却没给过她好日子的女人。

男人忘不掉两种女人：一是陪他吃过苦，二是为他流过产。

女人忘不掉两种男人： 一是最爱的，二是伤她最深的。

分手后连朋友圈都不发半条的人，这种人的心有多大。

2021 年 11 月 24 日

弟弟可以找姐姐谈恋爱，

但姐姐却不会找弟弟谈恋爱。

2021 年 12 月 3 日

神对人最大的惩罚不是失去,

而是永远无法忘记。

        2021 年 12 月 17 日

我羡慕他,他的爱收放自如,是天赋。

我试图藏起情绪,却忘了眼睛会说话。

为什么男孩子找完新欢后还能和前任复合,

而女孩子一旦找了新欢之后,

就和前任真的结束了?

        2021 年 12 月 18 日

当我牵上别人的手,我们就真的结束了。

男孩子分手会觉得所有新欢都没有前任好,而女孩子分手后会觉得所有新欢都比前任好。

昨晚梦见他了，

他坐在婴儿车上，

我伸手抱他的时候，他还对我眯眯笑。

2021 年 12 月 20 日

他们有过一个孩子。

有的人带着疑惑翻评论，有的人流着眼泪翻评论。

只有妈妈记得你来过。

假装不懂对方的暗示，

可以少做很多事情。

2021 年 12 月 21 日

所以不是他不懂，只是他不想做。

能让一个女孩在一夜之间快速成长的一定是伤她最深的男孩，

能让一个男孩夜夜耿耿于怀的一定是他最对不起的女孩。

2021 年 12 月 25 日

让你一夜之间快速成长的人，永远不值得原谅。

喜欢这个东西，

八成是假的，

特别是在没有实际行动和明目张胆的偏爱面前，

一成也没有。

2021 年 12 月 26 日

有人画饼给你看，有人买饼给你吃。

为什么大多数男生都喜欢和前任提复合？

2021 年 12 月 28 日

她穿裙子站在你旁边，你看不见。

她穿裙子站在人海中，你看到了。

因为男生提出复合的概率会很高，七成以上。

他玩了一圈回来发现还是你最好骗。

两个人在一起的第七天后，才算是第一天在一起，

很多人都不知道这是为什么。

2021 年 3 月 17 日

三天新鲜感，三天暧昧，一天考虑。

因为前七天的两个人都是不清不白。

彼此都在考察对方适不适合做自己的对象，三天聊得很嗨属于暧昧期，暧昧后就是三天的试探，旁敲侧击地试探对方的心意，得到答案后考虑了一天，决定在一起。

异地恋分手后再复合的第一条件就是结束异地。

2022 年 1 月 4 日

你爱的人，让你身败名裂过吗？

2022 年 1 月 9 日

爱是没有地址的，所以许多人都迷路了。

2022 年 1 月 17 日

八年，2922 天，孔德男用自己和李梓琪发生的故事写成文案，每句文案都有李梓琪的身影，句句不提爱，却将爱诠释得很完美。如今，李结婚了，孔，你也该释怀了。

长大后不要问别人为什么不理你，

只需要和能让自己快乐的人保持联系。

2022 年 1 月 19 日

后来我终于明白了，为什么不满三个月的恋爱都不能公开。

2022 年 1 月 22 日

三个月时间可以试探、看清、了解对方是否真正地喜欢你。

不确定的事情不要搞得尽人皆知。

和喜欢的人待在一起时，你会感受到他的人；

和不喜欢的人待在一起时，你会感受到他的性格。

2022 年 1 月 23 日

和喜欢的人在一起，除了心动以外什么都不顺心；和不喜欢的人在一起，除了不心动做什么都很愉快。

分手后，对方留下的空窗期就是对这段感情最好的评价。

2022 年 1 月 26 日

有人空窗六年，有人无缝衔接。

前任单身了两年，原因只有我知道。

很多时候我都在想，当初那么相爱的我们，

现在怎么就分开了呢？

            2022 年 2 月 3 日

还走不出来吗？他已经开始新的生活了。

把错归结于自己，

把答案交给时间，

把她归还于人海。

            2022 年 2 月 5 日

你会不会在某一天爱着别人的时候，突然觉得了愧对于我，

后悔没有好好爱我，后悔错过我。

我们不是在赌气吗？你怎么去爱别人了。

失去一段感情最悲哀的是，

那段感情带来了一个连你都不认识的自己。

2022 年 2 月 19 日

失去了感情也失去了原来的自己。

为了挽留他，那天说的话我自己都看不起。

你信不信错过了一段感情，

后面所有的怀念都是惩罚。

2022 年 2 月 28 日

原来真正的惩罚不是忘记，而是永远记得。

回忆惩罚的是念旧的人。

后来终于明白了，为什么在友情基础上建立起来的爱情，分手后永远都复合不了。

2022 年 3 月 12 日

越过友情这条线，要么爱情要么陌生。

谈恋爱的最终目的都是个人成长。

2022 年 3 月 29 日

这段感情教会了你什么？你学会了什么？你懂得了什么？这次之后你变成了什么样的人？

每一次分手都是磨炼和提升自己的机会。如果你能挺过去，把自己调整到一个不错的状态，那你整个人会焕然一新。

后来才发现，那些一分手就删联系方式的人都太理智了。

2022 年 4 月 12 日

断就要断得干干净净。

不删的话，会忍不住去窥探她的生活，然后自己在那里胡思乱想，一直循环。

他们太理智了，不让自己回头，也不让对方再次影响自己。

小情侣分手那天，

男生把女生的联系方式照片痕迹删得干干净净，

女生把朋友圈设置了仅三天可见。

2022 年 2 月 24 日

你抹掉我们的曾经，我锁了我们的过去。

一边等一边忘，

说不定就等到了，

说不定就忘掉了。

          2022 年 5 月 11 日

三五年听着挺吓人的，其实风一吹什么都没有了。

我好像在放弃你，又好像在等你。

最好的心理医生是一直陪在身边的朋友。

          2022 年 5 月 17 日

有人在风里爱了又爱，有人在原地等了又等。

          2022 年 5 月 19 日

一开始我对他很热情很上心，但他对我毫不在意。

那后来呢？我对他忽冷忽热，再后来我要走，他慌了。

2022 年 5 月 21 日

人总是在快失去的时候才清醒。

风水轮流转。

后来我终于知道了，为什么有的人分手后就会离开那座城市。

2022 年 5 月 23 日

因为一个人，恨了一座城。

任何一个熟悉的场景都会勾起我对你的回忆。

她的离开是逼自己放下 。

你相信吗？

长时间单身真的可以换来一个非常好的伴侣。

2022 年 6 月 1 日

宁愿长时间单身也不愿意去凑合谈恋爱。

不要为了恋爱去恋爱。

一直单身只是学会了爱自己。

女生越久不谈恋爱，下一场恋爱就越认真；

男生越久不谈恋爱，下一场恋爱的择偶标准就越严格。

2022 年 6 月 4 日

也许只有男孩子才懂,为什么会给喜欢的人设置消息免打扰。

2022 年 6 月 7 日

消息免打扰是因为,每天都在等对方的消息,结果每次手机响了都失望。为了不让自己再次失望,就设置了消息免打扰,这样,即便有消息,自己也知道不会是对方发的。

谁能想到呢?

那天很平常的见面,

是我们最后一次的见面。

2022 年 6 月 12 日

早知道就认真道个别了。

他为了在她面前示弱编了无数个我们不相爱的证据，为了在我面前隐瞒她的存在又编了无数句谎话。

2022 年 6 月 13 日

你永远不知道一个男孩为了隐瞒另一个女孩的存在，花了多少时间，费了多少心思，编了多少谎话。

他会在她面前装作从来不和我联系。

女孩子最难忘掉的那个男生，长相一定很普通。

2022 年 6 月 18 日

因为没有长相颜值的限制，你所爱的是他的性格，是他的人格魅力本身，这是最难忘的。

她又开始失眠了，

变成了那个不想吃饭，

整天听歌眼里无光的人。

她原本积极生活了一段时间，可现在又开始消极了。

2022 年 6 月 19 日

她又回到了那个无感状态。

长大后你会发现，没有物质基础的恋爱，

不用吵架冷战，慢慢地连你自己都会想提分手。

你只适合工作。

2022 年 6 月 29 日

男生的爱是选择,

女生的爱是感觉。

2022年6月25日

男人的爱是选择,女人要的是感情。选择久了会淡,感情久了会深。女人是感性的,男人是理性的,所以最后受伤的永远是女人。

男生都是越来越爱,注重责任,而女生只是觉得你们在一起时的快乐感觉消失了,她们认为就是不爱了。

人真的需要一个体面的东西,比如房子、车子、一个好的皮肤、一头柔顺的头发,这些东西给你底气,去见你想见的人。

今天上班累吗？

工作多吗？

规章制度严格吗？

领导凶吗？

同事友好吗？

公司的饭菜好吃吗？

我想问的是，今天开心吗？

2022 年 7 月 1 日

兄弟带了个女孩子给我认识，

一看就是我喜欢的类型，

可奇怪的是，

她和我前任一点相似的地方都没有。

2022 年 7 月 9 日

喜欢从来不是类型，是感觉。

从那以后，遇到的女孩都要跟你做一番对比。

分手前，女孩骗他说自己从未爱过。

他便发了疯似的在圈内诋毁女孩，

后来她一个人离开了那座生长十几年的城市，

再也没有回来过。

2022 年 7 月 14 日

嘴硬的女孩和爱面子的男孩。

同学聚会上，

男孩对女孩说："知道当初我为什么老是跟你捣蛋吗？"

"因为我喜欢你"。女孩说："那你知道为什么每次你捣蛋之后，我都不会告老师吗？"

2022 年 7 月 23 日

你知道为什么每次下课我都会找你问题吗？

那你知道为什么我每次下课都不出去吗？

当你认真工作后，

你会发现你根本没有时间找对象，

身边的朋友也越来越少。

因为下班就吃饭睡觉，

睡醒就要开始上班。

2022 年 7 月 25 日

人只要忙起来，就不会有那么多精力去想那些烂事情。

先谋生再谋爱。

后来开始优先考虑自己，充实的生活比什么都重要。

谈恋爱后晚上十点睡觉的人一定有问题。

2022 年 7 月 29 日

分手后，对方单身的空窗期就是对这段感情最好的评价。

2022年8月3日

空窗期就是上一段感情结束后到下一段感情开始，中间没谈恋爱的时间。

分手后空窗期的时间等于你爱对方的深度。

理性的人，会趁感情空窗期这段时间去好好经营自己的生活。

空窗期是对前任的尊重，也是对现任的负责。

享受了空窗期带来的无拘无束与自由，

就要接纳空窗期带来的孤独和平淡。

每一次望向旁人恋爱的瞬间，

我都在想好好挣钱，好好生活。

2022年8月7日

异地恋最想见面，最怕见面。

2022 年 8 月 27 日

每一次见面都必须等待很久。

每一次见面都代表了很快就要分离。

听说她最近谈恋爱了，

她给我留了 8 个月的空窗期，

我很感谢她。

2022 年 9 月 1 日

空窗期是认清不爱的时间，是走出来的时间，是正在忘记的时间。

空窗期是对这段感情最好的评价。

后来终于明白了，

为什么 25 岁可以和 30 岁谈恋爱，

但 22 岁却不能和 18 岁谈恋爱。

2022 年 9 月 18 日

他在学校门口的奶茶店认识了我，

后来小心翼翼地问我有没有男朋友。

他一见钟情了我的脸，离开却又是因为我的性格。

2022 年 9 月 22 日

他了解到我的阴暗面之后,

那种欣赏和喜欢我的眼神再也没有出现过。

2022 年 9 月 24 日

希望我们看尽对方的底牌后依然相爱。

你必须是看到了我的阴暗面后还要选择我。

一旦得到,就不再漂亮。

和一个防备心很重的人主动聊自己,

太可怕了!

2022 年 10 月 4 日

他能聊你的全部,你却不知他半分。

大概只有女生才懂，为什么女生会躲着前任走。

            2022 年 10 月 18 日

再见面的尴尬是未消散的爱意。

不计较，也不原谅，再见！

靠时间忘记的人是经不住见面的。

当一个女孩子发现被骗之后，并不会立即离开，

而是假装原谅，然后心底慢慢减分，

直至可以在精神上完全脱离你为止。

            2022 年 10 月 28 日

你以为她在妥协，其实她在向你告别。

真正渣的人,是不知道自己渣的。

2022 年 11 月 24 日

人生建议:永远不要相信一个刚分手的人说的话。

2022 年 12 月 10 日

永远不要在现任面前说前任的坏话。

2022 年 12 月 13 日

真正的恨,是若无其事。

2022 年 12 月 16 日

这辈子只有大大咧咧的和有纹身的女生让我捉摸不透。

2023 年 1 月 15 日

后来我选择了沉默。

不再纠结那些无法实现的承诺和一去不返的人。

我想自己快乐些。

2023 年 1 月 17 日

快乐的三大秘诀：无所谓、不至于、没必要。

后来，我决定不再纠结一些事情，那些曾经日思夜想的人，

和始终都没有答案的问题，突然就释怀了。

感情一旦有了隔阂,就真的走不近了。

你没有注意到的细节,

她永远都不会说,只会在心底默默减分。

       2023 年 1 月 29 日

失望就要收回喜欢,一旦觉得不值得了,就会冷淡得很明显。

你没注意到的细节,她永远不会说。

断过的绳子怎么系都有结。

我喜欢分手时说狠话,

把事情做绝了才好放下。

       2023 年 2 月 24 日

当你放不下的时候,对方的绝情还会帮你一把。

欲与人绝,言中要有恶语,非无情,而且惧悔也。

分手后保持联系，

不是复合就是报复。

2023 年 3 月 1 日

分手后还和你做朋友的人，

一定有问题。

2023 年 3 月 8 日

他的身上闪闪发光的优点是在吵架时高我一等的筹码。

2023 年 3 月 12 日

一旦感情出现了不平等，

对方的优势会是以后你们吵架时高你一等的筹码。

我们永远不会再有交集，

这是我第一次体会到了永远。

2023 年 3 月 13 日

当她发现你骗过她之后，

你的每一个行动都值得怀疑，

你对她所说的每一句都需要夹带证据。

2023 年 3 月 18 日

你骗过她，她口头上原谅你了，其实她心里早已经有道坎了，

信任一旦崩塌就很难再建设起来。

破窗效应一旦产生，便回不去了。

你骗了我一次，连你上厕所我都会怀疑你在回别人消息。

成年人的情感失望，

未必是撕破脸皮大张旗鼓地离开，

但一定会从心里埋下怀疑的种子并且永不信任。

2023 年 4 月 8 日

信任一旦崩塌，再难以建立。

当你发现一个人对你说谎，不要去揭穿，不要打破砂锅问到底，不再相信，然后默默离开。

你永远不会知道那个说要早睡的人，

后半夜都去干了些什么。

2023 年 4 月 9 日

跟我说晚安，是要陪她了吗？

放心大胆地离开吧，

你越离越清醒，

他越离越怀念。

       2023 年 4 月 22 日

孔德男，我要取关你啦！我结婚啦！很幸运，我遇到了属于自己的小太阳。

悟已往之不谏，知来者之可追。

我觉得，我们需要断联一段时间去独自成长。

或许，我们还会有机会。

       2023 年 4 月 25 日

你独自一人度过的时间,

终将让你变成一个很酷的人。

　　　　　　　　　　　　2023 年 4 月 28 日

失去一段感情最遗憾的是,

那段感情带走了你的一部分,

是你不愿意再和别人分享的一部分。

　　　　　　　　　　　　2023 年 5 月 1 日

别看我一副若无其事的样子,

其实我连删聊天记录的勇气都没有。

　　　　　　　　　　　　2023 年 5 月 14 日

我还在想你，可你已经换了两个。

2023 年 5 月 17 日

你等了又等，他换了又换。

为什么主动提前任的人一定有问题？

2023 年 6 月 19 日

心理学名词叫"自曝效应"，主动说出自己的缺点或失败恋爱史，让对方更容易接受自己、爱护自己。"我已经破碎了，请你不要再伤害我或者让我重蹈覆辙。"

我不介意你的过去，我怕你的过去还没有过去。

提前任，提她的不好，提他对她有多好，自己却好惨，让你觉得他就是那么一个好人，你就会更喜欢他了，更坚定自己选对人的感觉，自己攻略自己的心，幻想未来有多美好，然后他又可以像骗上一任那样骗你了。一样不好的前任，一样好骗的现任。

谁也无法承担起另一个人的价值寄托。

做一个独立有价值的人，

才能真正学会去爱另一个人。

2023 年 7 月 17 日

女孩子一定要实现经济自由、精神自由，不断让自己进步和成长。

我觉得我们还是需要再见一面，

才能放下心中的执念。

2023 年 7 月 24 日

几年听起来很吓人，其实风一吹就没了。

爱需要见面，见面需要身份。

你好好看看，我是怎么放下你的。

你太独立了，走过这些年来的凄风苦雨、艰难困苦，

我相信你所有的苦楚。

2023 年 10 月 21 日

没有孔德男，我早走出来了。

我最大的败笔是，看透了一段烂感情之后还想复合，还想念他，

还想原谅他。

一个女人最大的败笔就是，

跟没用的男人纠缠太久，

和不值得的男人一爱到底。

2024 年 1 月 2 日

我们认识异性的渠道太重要了，

你从哪里认识他的，

他就有可能从哪里认识别人。

2023 年 11 月 25 日

吵完架他转身倒头就睡，

他醒来没问我为什么一晚不睡，

而是问我为什么把朋友圈关于他的动态删了。

2024 年 1 月 2 日

她是在慢慢和他告别，她太失望了。

当一个女生开始对男生减分，第一步就是习惯男生的不在，第二步就是隐藏恋情。

我最羡慕的一种分手方式就是，

约对方吃个饭，喝杯奶茶，一起散散步，当面说分手。

坦然去面对，把想说清楚的话说清楚，

至少我认为这样做应该是不会有遗憾的。

2024 年 2 月 16 日

分手好像从来都不需要商量，不需要对方的意见，一个人就可以决定。

隔着屏幕提分手是试探你，当面提分手是通知你。

你不会爱人时，我都在你身边。

现在你学会爱人了，要好好爱别人。

2024 年 3 月 10 日

断联是个试金石，爱你的会有空窗期，不爱的会有新欢。

2024 年 5 月 24 日

放下和忘记是两件事，有的人并不是拿来忘记的，而是为了提醒自己再也不要在同一个地方摔倒。

时间和新欢，你选择了时间。

因为你喜欢不上别人，因为害怕，因为没放下。

2024 年 6 月 20 日

她用新欢代替我，我用时间忘记她。

真正地放下是停止"视奸"。

你和我分手，是我人生精彩的开始。

我们在分手时表现得最轻如鸿毛，随时可弃，

却在复合时，又表现得彼此最不可代替。

2024 年 7 月 9 日

你害不害怕？

在某一天的晚上，

有个人突然给你发了一段长长的信息，

告诉你，这些日子里他从来没有忘。

2024 年 7 月 31 日

我恨透你了，可是回想以前我又觉得你对我好好。

2024 年 10 月 5 日

以前恨你丢下我，现在谢你没耽误我。

2024 年 10 月 12 日

我很普通，我要的也是。

2024 年 12 月 29 日

我的审美里有她的品位，

我穿的衣服来自她夸赞过的风格。

2024 年 2 月 8 日

谁能想到呢，我竟然写了一本书来怀念她。

都想当李梓淇，谁当孔德男呢？

关注你的时候，我是初三还是高一来着，高一看见你第一次出书，买了一本。心情不好的时候就翻一翻，能看到一些答案。现在我已经大三了，不知道该怎么形容当时的心情，或许我还有些许迷茫，或许我还不成熟。我已经很久没来看你了，不知道你开不开心，一直都是黑色调的你，心里面是不是像我一样，纠结于过去的某一件事。不管如何，关注你这么久，说朋友也算不上，更别说陪伴，然后啥也没做到，隔着屏幕祝你祝我都万事无虞。

走了很远的路，去遇见，去经历，去感受。

人生短短，不妨大胆一点。

那你呢，什么时候去寻找自己的 25 号底片？

勇敢一点，我们不会比今天更年轻了。

我们黄金一般又热烈的青春不该被定义。

自由如风才是少年的梦。

山前山后各有风景，有风无风都是自由。

大胆点生活，你没那么多观众。

我将永远忠于自己，披星戴月奔向理想和自由。

你总是沉迷过去，又怎会遇见前方的风景？

不妨大胆一点，去追寻理想和自由。

人人都在追求结果，可过程本身就是一种结果。

少年的出逃没有回程票。

外界的声音太杂乱，听自己的心就好。

每个决定转身的人,都在风中站了很久。

如果相遇是为了离别,那相遇的意义又是什么。

人最笨的时候就是什么都想要问清楚。

人无法同时拥有青春和对青春的感受。

你太锐利了,

这些年来,

踉跄清冷,

我相信你所有的苦楚。

我的轻舟,

是我自己,

不和旧的人纠缠,

也不和新的人冷战。

独自一人的时候,

情绪就是最大的敌人。

所以是我期待太高，

还是爱本不过如此。

所以这个世上有什么东西是永久的吗？

翻篇了，是放过自己，不是原谅你。

你年纪轻轻，你积极上进，

你对爱真诚，你会遇见更好的，

你也会成为别人的光。

其实你很清醒，

但你不够狠心，

心软和共情能力是你最大的软肋。

所有的绝情，

都来自新人的出现或旧人的返场。

失去一段关系固然可惜，

但在一段关系里失去自己才是最可悲的。

你猜我为什么执着于你，

分分合合是真的喜欢，也是真的不合适。

停止精神内耗，去寻找自己该有的状态。

你不是恋爱脑,你只是很认真。你会幸福的!

那些看似高冷的人,往往才是最真诚的人。

我不怀念过去的任何一天,

我走的每一步都是为了远离过去。

最勇敢的方式就是销声匿迹、自我沉淀。

爱别人要适可而止,爱自己要尽心尽力。

成年人的世界，懂比爱更重要。

和谁都走不远，

是我的问题。

我学会渐渐无所谓，直到真的无所谓。

后来，生活成了我的老师。

我一偷懒，它就罚我吃不上饭。

我是不是也成了你口中那个伤害你的前女友。

我这种人，是哪种人？

麻雀与鱼不同路，再见容易再见难。

把自己还给自己，把别人还给别人。让花成花，让树成树。

其实分开是有预感的，只是你不愿相信。

当你怀疑一件事的时候，准确率总是出奇地高。

有好多人闯进你的生活，

只是为了给你上一课。

现在早就不流行道歉了,

他们只是等时间过去,然后给你发一句"在干嘛呢"。

喜欢记录,但很少有人记录我。

人因不欢而散,心因不真而凉。

我承认我确实念旧,但是失我者永失。

你这一生太安静了,该行动了。

说起来奇怪，我不想和好，也不想见他，但我想他。

不必执着，当我们都有各自的生活时，勇敢说再见。

人都是忘本的，

一旦得到，

就忘记了当初踮起脚尖扒着窗看她的感觉。

信任一旦崩塌，就像覆水难收，

后来你说的每句话都要夹着证据。

我爱钱，但我不物质。

我爱人，但我不廉价。

我真诚，但不傻。

其实根本不需要吵架，

两个人无话可说的时候自然就分开了。

人一旦有了依赖感，

就像幼儿园放学等人来接的小朋友。

没有理想型,

我喜欢能让我笑的。

上班烦,不上班也烦。

上班太忙了烦,上班太闲了也烦,上班挣不到钱更烦。

多爱自己,不要指望别人,别人都很忙。

这个世界上可以取代的东西太多了。

我情绪稳定的那一刻,

证明我已经失望透顶了。

成长本就是一个孤立无援的过程,

你得学会独当一面。

以前我脾气不好,但是我心软。

后来我越来越温柔,但心却越来越狠。

亲爱的大力士小姐，

你可以是不为任何人而开的花。

你记得花，花就一直开；

你记得我，我就一直在。

24 岁是一个特别的年纪，

它距离 18 岁和 30 岁一样远。

我们有太多的无力感，

路的尽头到底是什么，

或许从来都不重要。

内心一旦平静，

外界就会鸦雀无声，

心态永远是你最好的风水。

有人给你转账，你没收；

有人想见你，你却百般推辞；

有人给你画饼，你却记了好久。

我们彼此最不可替代，

却又最轻如鸿毛，随时可弃。

你就是活得太轻松了,

所以满脑子都是爱情。

总有人在释怀,

总有人在等待,

总有人在风中爱了又爱。

我要山、要海、要自由、要被爱!

开玩笑的,我要睡了,明天还要上班。

她长得很乖，总喜欢赖床，不爱吃早饭，

总是晚睡，脆弱的一句话就能让她泪流满面。

我不在任何人的计划里，

我的计划里也没有任何人。

希望不要再有短暂出现的人，

打破我平静的生活又匆匆离开。

出来吧，我到了，这句话真的好动听。

我爱的人已经爱过我了，

至于他以后要爱谁，

我都祝他幸福。

我们不是干净的朋友，

也不是敞亮的恋人。

我不相信那些片面的，

我要看得见的、体会得到的，

我不相信有情饮水饱。

不要听他对你说了什么，

要看他为你做了什么。

太冷淡了，我们的聊天像是在打卡。

人一旦不再害怕失去，态度就会变得很随意。

我不期待什么花开了，

我早就不喜欢花了。

最讨厌两件事：骗我被我发现和答应我的做不到。

说话不需要成本,

说的人聪明,

信的人有病。

以前是希望你能回来,

现在是希望我能走出去。

心腾干净,

住进来的人才舒服。

好好生活。

这句话不是祝福,

而是道别。

我的计划是一直自由，

直到遇到一个人胜过我独活。

人总要和不属于自己的东西说再见。

如果你现在 17 岁。

零零散散的世界，遇见你，是我最大的幸福。

你不该对短暂出现的人执念太深。

爱困不住我,

我没有心,

我自由到底。

终于"00后"也到了一错过,

对方就会结婚的年龄了。

睡醒要上班,

下班了要睡觉,

好像生活忙碌得只剩下工作。

风好大,不要忘了和我通电话。

我们是对方特别的人。

想啊!关于你的,我都很想。

答案在路上,

自由在风里,

风吹哪页读哪页。

我们好不容易，我们身不由己。

两个嘴硬的人终究是会走散。

我们也要好好谈，谈到结婚。

25 岁是人生的 7:30。

自由些吧，人生是旷野！

年少驰骋的风比黄金都贵。

有一天早晨，我扔掉了所有的昨天，

从此之后我的脚步变得轻盈。

喜欢阳光，喜欢小猫，喜欢你。

去和别人完成我们未完成的约定吧！

我们说说话吧，像刚认识那样。

思念一个人的时候,

对方会感觉到吗?

我深知,人间的面,

见一面少一面。

他知道风从哪个方向来。

如果无法共鸣,那我选择独行。

时间怎么会等人呢?

等你的是我。

我们没有食言，

分开也是一种永远。

我喜欢你，

但我们不要相爱。

已经开始期待冬天了，有你的冬天。

你说我会遇到更好的人，

其实是你想遇到更好的人。

我故意不理你的时候，

其实我比你更难过。

我能忍不住找你，

但你来找我的时候，

我真的忍不住不理你。

彻底断联吧，

你也得让他永远失去你一次。

我们分开后的某天，

你开始发我看不懂的动态。

我忍住没找你的时候,

你是不是也在庆幸我没有烦你。

那天我们聊到很晚,

我以为你也喜欢我。

我的胃病永远不会好,

我也不会原谅你。

我看了好久她的照片,

缩小又放大,如此循环,

原来他喜欢这样的女孩子。

别人给他新的记忆了,

所以他不用回忆了。

不喜欢的话,

为什么陪我聊这么久?

我教你写信,

你写给我,

也写给她。

我和你走;

没有船票,我和你游。

我和朋友已经把你骂得烂透了，

可我还是会去偷偷搜你的账号。

你太低估我对你的喜欢了，

多少个胡思乱想的瞬间，

我都没有开口，我真的很想你。

你一个人也走了很远的路。

永远嘴硬，

永远转身后泪流。

如果背道而驰,

那我祝你一路顺风。

撕掉过去的每一页,

重写属于自己的篇章。

待我翻过这座山,

过往的一切我闭口不谈。

独立和不怕失去,

才是一个人最好的底牌。

青春只有一次，热烈且自由。

想不通的时候就去外面走走。

人群太吵了，我想去听旷野的风，

安静和孤独，踏实又自由。

朋友才是生活的良药。

年少追的风比金子贵。

你呢，你什么时候出发？

或许自由更胜一筹,

我们生来热烈而自由。

人总不能一直做正确的选择,

偶尔也要做一些喜欢的选择。

如若这一生注定磨难,

自由与真我千金不换。

生活不是选择,是热爱。

无法重来的一生,

要尽量活得自由。

不如就在路上，一直享受自由。

我们的青春本就该闪闪发光。

放肆奔跑吧，少年！

质疑声终究会被你的脚步声所覆盖。

一生无所求，只要热爱与自由。

不被情绪裹挟才是最高级的自由。

我们黄金一般又热烈的青春不该被定义。

青春是无解的命题，永远风华正茂。

做你想做的，勇敢且自由。

自省、自醒、自行，人生辽阔，去看山看水，感受世界万物。

知世故而不世故，我的底牌永远真诚。

山前山后各有风景，

有风无风都很自由。

答案都在路上，

自由都在风里。

降低物欲，充实生活，热爱自然。

我不要灯红酒绿的夜，我要山，我要水，我要自由！

你还年轻,风华正茂,

你勇敢无畏的青春才刚刚开始。

我们不会再比昨天更年轻了,

我这颗自由的心永远爱这片炽热的大地。

自由如风才是少年的梦,

让属于我们的青春更热烈一点。

人生只是个方向,快慢由自己决定。

我们才20多岁,当然可以选择自己的人生。

人间这趟，我翻山越岭，只为自己而来，

山不见我，我自见山，

找不到答案的时候，出去外面走走。

山不会向你走来，你只能向山走去。

我最大的理想就是自由一生。

山高路远，找世界，也找自己。

太过在意反而适得其反。

也许路的尽头是什么，从来都不重要。

年少不被层楼误，余生不羁尽自由。

阅书，越山，悦己；自行，自省，自醒；无味，无谓，无畏。

我们太想要成为什么了，

从而忘记了享受生活的乐趣，

乐观和热爱才是疲惫生活里的解药。

我的青春正在以肉眼可见的速度消逝。

不要因为别人都在交卷，你就乱写答案，

河流从不催促过河的人。

我们都是自由的追求者，

我梦寐以求的是真爱和自由。

想跟你重新认识一次，

从问你叫什么名字开始。

人群太吵了，

我想去听风的声音，

自由是灵魂的氧气。

我到底是个什么样的人，

我自己也不清楚。

永远不必为真实的自己感到抱歉，

取悦自己才是头等大事。

树的方向风决定，

人的方向自己决定。

爱困不住我们，

我们的心自由到底。

明年开启的当然是以自由为主题的剧本。

风驶过的声音是自由。

去爱，去感受，去做任何你想做的事。

我有时候也不太喜欢自己,但也不想成为别人。

我不会一直有趣,你也不会一直喜欢我。

人会因为嘴硬,失去很多东西;

也会因为心软,受很多委屈。

我只是看上去若无其事,

我更多时候,是不爱说话的人。

晚安亲爱的女孩,你很漂亮。

我不是在夸你,我是在提醒你。

开始什么都好,不开始最好。

是认清,是看淡,是无所谓,是做好自己,
是找到自己的频率,然后开心地活着。

你首先是你自己,
其次都是其次。

想和我纠缠不清,
却又不舍得爱我。

人生需要发呆。

他删了我的一切,

开始存新的女孩子的照片。

我没有忘记,

那些难听的话,

在我心里生根又发芽。

是阴影。有些坎,我永远也迈不过去;

有些事,我永远无法释怀。

我们还有多久才能见面，

我好想你。

去淋一场雨吧，

如果能清醒，感冒也没关系。

人一旦有了期待，

心就会变得忽明忽暗。

忘记一个人，

要先忘记声音，

还是模样？

朋友是我在外亲自挑选的家人。

你是我永远都不想失去的人。

答应我,给我的爱,不许给别人。

讲真的,我太想和你有以后了。

说说你最近的心事吧。

最好的人已经在身边了。

会陪我很久吗？

我们连一张合照都没有。

青春是一场无法回放的电影。

安静，我好想你。

你好像有心事。

今年夏天想和谁一起过呢？

当我开始怀念从前，

才发觉已经失去很久。

你很厉害，应该为自己感到骄傲。

回不去的何止是时间,

还有曾经的自己。

于是我停下脚步,

痛定思痛。

山高路远独善其身,

心无旁骛万事可破。

除了年龄以外,

我一点也不像个大人。

我们都不坏,凭什么不幸福。

无山可靠，我自当山。

山前山后各有哀愁，有风无风都不自由。

亲爱的朋友，路远殊途，祝你得偿所愿。.

那些曾认为走不出的淤泥，如今也风轻云淡。

成长第一课，爱人先爱己。

向前走，别彷徨，你我无需再悲伤。

不应有恨，何事长向别时圆。

或许困住我的，从来都是我自己。

物是人非事事休，欲语泪先流。

你太勇敢了，一路走来没说苦，你说知道了。

最痛苦的惩罚不是失去，是永远记得。

人各有志，不过尔尔。

于是我独行，自在饱满也沸腾。

有人弃我如朽木，有人惜我如珍珠。

原来，2008 年已经不是六年前，而是 17 年前了。

24 岁离 18 岁和 30 岁一样近。

我救自己万万次。铮铮劲草，决不动摇。

所见即我,好与坏都不反驳。

我当自由,陈词滥调休想左右。

友情怎么写最"刀"?

十年后的你,会是什么样子呢?

或许人只会心动一次,在那之后都是在找影子。

我必须看上去若无其事,

我一定要独当一面。

我们好像什么都还没做,

就已经长大了。

我一点都不好。我有事。

从上一次分手中,你学到了什么?

当新鲜感退去的时候，真正的爱才开始浮现。

没关系，再爱一个人三年，我也才 24 岁。

我们都太爱面子了，

所以铁了心要幸福给旧人看。

喜欢就要多见面，

多拥抱，

多说我爱你。

确实很喜欢，也的确不合适。

我们的距离好像很亲密又好像遥不可及。

我没有忘记，

那些难听的话，

在我心里生根又发芽。

我这个人开始对你产生意义了吗？

懂一个人需要五百顿饭、五百场电影，

五百个日日夜夜，一点一滴地去接近。

在我失去的所有人当中，我最怀念的是我自己。

精神寄托可以是任何东西，

唯独不能是人。

我想，我们应该坐在一起发呆。

当我们意识到生命只有一次时，

这一生才算开始。

无所谓，反正这个世界，

我只来一次。

等你谈了真正的恋爱之后你就会发现，

真正喜欢你的女孩子脾气都很暴躁。

我要看到你与世无争却有章可循的野心，

自信、大胆、明媚，昂扬向上的生命力，

比美貌更有杀伤力。

一见面就问你谋生方式的人，

本质上是在计算对你的尊重程度。

心态是你最好的风水，

人品是你最好的运气。

高敏感人群更容易产生偏执的内驱力。

真正厉害的骗子，骗人时，是不说谎话的。

看戏就坐后排，看不清戏，

但却能看清，看戏的人。

颜值只是优先入场券，

而能力才是你的通行证。

永远自由如风,
永远为自己着迷。
在自己的频道,
随性且自由。

我搬进鸟的眼睛,
经常盯着路过的风。

一直发疯,
直到有人爱上真正的我。

风和我都是自由的。
人生应该是旷野,不是轨道。

听了风的话,
我去了想去的地方。

永远自由如风,
永远为自己着迷。

幸福不在别处,
当下即是全部。

有的人只能看你照片,
有的人却可以坐在你旁边。

你在我就很安心，
你不在我就勇敢一点。

谁都可以的话，
那就不必是我了。

我们合照最少，
但我们关系最好。

你看起来情绪稳定，
其实心里早就沉默麻木。

你可以轻易回到过去,
但那里已经没有人了。

陪你走完这段路,
我也变成你走过的路。

人和人之间有过一些瞬间就够了。

做自己,而不是解释自己。

有时候觉得,
那么破碎的自己,
靠近谁都不应该。

喜欢什么,
追赶什么!

你假装听不懂的那些话,
我不会再讲了。

人在风中,
聚散不由我。

今年的风好大，
吹散了好多人。

兄弟，你回她一下吧，她一开心就回我了。

他会用认识你的同样方式去认识另一个人。

不要因为没有掌声就丢掉自信。

我不联系你，是因为我是犟种；
你不联系我，是因为你心里没我。

某一天，
你突然想起我的好，
或许我已经走得很远了。

你身边已经有了新人，
而我还在跟朋友说你对我好的时候真的很好。

没人比得上记忆里的你，
现在的你也不行。

后来，我没有打扰你，
你也忘了我。

你以为我在妥协，
其实我在和你道别。

只要我还回你消息，
无论我说话多冷漠，
都不是要和你结束的意思。

有人懂你的感觉，
就像上帝给了你一块糖。

你是有了同龄人没有的阅历和经历,
但你缺少了在这个年纪该有的快乐。

没人懂你的时候,
你要学会长大,
独自一人抵挡千军万马。

我假装无所谓,
却发现你真的不在乎。

你猜,为什么我一见到你就爱笑?

你的消息太难等了,
我要睡觉了。

因为人有两颗心,
一颗是贪心,
另一颗是不甘心。

那么多个日日夜夜,
我以为我们已经很相爱了。

你应该珍惜我的,
像我珍惜你一样。

给时间时间,
让过去过去,
让开始开始。

很多人最擅长的就是跟不爱的人结婚,
然后用一生去怀念最爱的人。

人与人之间总是这样,
在不经意间拥有,
又在不舍的时候失去。

用新欢忘记的人不算爱,
用时间放下的人经不起见面。

心跳比我先认出你。

我的计划是一直不谈恋爱,
直到前夫哥回头。

其实我们已经见过最后一面了。

都说时间会带走一切,
可入了心的人,
怎么可能说忘就忘。

淡然于心,
那些失去的东西或许本就不属于我。

从没奢望你回头,
我只希望在我快忘掉你的时候,
你别再出现。

别难过,人总要学会平静地接受得失。

不用对得起我了,
等你懂得我的好的时候,
我早就走远了。

人总要学会平静地接受得失。

我懂你的苦衷,
也理解你的难处,
可山高路远,
我是你第一件抛弃的行李。

我也看不清现在的自己了,
乐观也悲观,常常难过,
但也在好好生活。

人总说顺其自然,
其实是无能为力。

我的世界里一直下雨,
我处理不好。

我支离破碎的,
你这么好,
不该遇到我。

你以为是你手段高明,
其实是我心甘情愿。

我无法和任何人解释我的内心状态,
甚至我自己都无法理解。

外面好热闹,我好难过。

如果注定要分开,
那相遇的意义是什么呢?

你可以转身说不爱就不爱,
我不行,我连觉都睡不好。

至少我们以后不会吵架了,
这是好事,对不对?

于是我开始怀疑,
到底是我运气不好,
还是不该太真诚。

又心软了是吗?
想想自己曾经受过的委屈。

别人再好都与我无关,
你再不好我也喜欢。

没有人会消失,
人只会和自己想念的人联系。

我们不会再见，
这就是分别的意义。

没能留住你，
也没能忘记你。

你的消息太难等了，
我有点困了。

我不想精神内耗，
我想早点睡。

遇见你是幸运,
不遇见也是。

那你呢,放下了吗?
要开始接受新的人了吗?

这么晚了还不睡,在想什么?

人总是执着于第一眼就心动的东西。

我要睡觉了,骗你的。
我要带着情绪沉默了。

你太容易认真了,
你不适合谈恋爱,
你应该坐在路边去贴钢化膜。

他到底是个怎样的人,
会让你变成现在这个样子。

回忆在惩罚不往前的人。

或许换个时间,
我们真的合适。

很抱歉也很惭愧,
海誓山盟我先作废。

人只有对喜欢的东西才会格外用心,
所以态度就是答案。

错过任何人都是上天在帮你。

你总是纠结他的过去,
他们曾经是恋人,又怎么会不相爱。

我才 23 岁,
我已经 23 岁了。
晚婚和闪婚,
喜欢和合适,
我没有答案。

早恋的人,都会晚婚。

可以随时打电话给你吗?
包括她躺在你怀里的时候。

朋友圈发不了想说的话，就留在这里吧！

走出来了吗？愿意接受新人了吗？

发呆的时候在想什么呢？

我们还会见面吗？

2019—2025暂完结